CATALOGUE DES OISEAUX

RAPPORTÉS

PAR LA MISSION CHARI-LAC TCHAD

PAR

M. E. OUSTALET

Extrait du *Bulletin du Muséum d'histoire naturelle.* — 1904, n° 7, p. 431
n° 8, p. 536. — 1905, n° 1, p. 10

PARIS

IMPRIMERIE NATIONALE

MDCCCCV

CATALOGUE DES OISEAUX RAPPORTÉS PAR LA MISSION CHARI-LAC TCHAD,

PAR M. E. OUSTALET.

Extrait du *Bulletin du Muséum d'histoire naturelle*. — 1904, n° 7, p. 431, n° 8, p. 536, — 1905, n° 1, p. 14.

La Mission Chari-Lac Tchad, dirigée par M. A. Chevalier, a rapporté un assez grand nombre d'Oiseaux que j'ai examinés et comparés avec des spécimens provenant d'autres régions de l'Afrique, et dont je donne ci-après le catalogue systématique. L'étude de ces Oiseaux, qui ont été recueillis par un des membres de la Mission, M. le Dr Decorse, et qui sont, pour la plupart, accompagnés d'indications de localités, m'a permis de compléter les données que l'on possédait jusqu'à ce jour sur la répartition géographique de certaines espèces.

1. PSITTACUS (POIOCEPHALUS) FLAVIFRONS Rüpp.

Reichenow, *Die Vögel Afrikas*, 1902-1904, t. II, part. 1, p. 18, n° 870.
Un mâle tué à Krébédjé en décembre 1902. Pattes et yeux noirs.
Ce Perroquet a la tête en majeure partie brune, mais sur le menton et les côtés du cou on aperçoit déjà des taches jaunes, premiers vestiges d'un masque de couleur plus brillante. Sous cette forme, l'Oiseau correspond à peu près à ceux qui ont été décrits par le Dr R. B. Sharpe sous les noms de *P. crassus* et de *P. Bohndorfi* et que M. Reichenow considère comme de jeunes individus du *P. flavifrons*.

2. LOPHOAETUS OCCIPITALIS Daud.

Reichenow, *op. cit.*, t. I, part. 2, p. 582, n° 482.
Un mâle de Fort-Archambault, février 1903. Iris jaune d'or; paupières et pattes blanches.

3. KAUPIFALCO MONOGRAMMICUS Tem.

Reichenow, *op. cit.*, t. I, part. 2, p. 547, n° 453.

Mâle tué à Beso (ou Bessou) en septembre 1902. Yeux d'un brun rose; pattes d'un vermillon orangé; cire d'un rouge vermillon.

4. Cerchneis tinnunculus L.

Reichenow, *op. cit.*, t. I, part. 2, p. 641, n° 524.

Femelle tuée à Fort-Archambault en février 1903. Yeux bruns et pattes jaunes.

5. Scotopelia Peli (Tem.) Bp.

Reichenow, *op. cit.*, t. I, part. 2, p. 648, n° 529.

Une femelle de cette belle et grande espèce, tuée sur les bords de la rivière Gribingui en janvier 1903. Cet Oiseau avait l'iris d'un gris rose. M. Reichenow indique, au contraire, les yeux de la *Scotopelia Peli* comme étant d'un brun tirant plus ou moins sur le rouge.

6. Asio leucotis Tem.

Reichenow, *op. cit.*, t. I, part. 2, p. 661, n° 543.

Une femelle de Fort-Archambault, février 1903. OEil d'un rouge vif; pattes d'un gris beige.

7. Lybius bidentatus Shaw.

Reichenow, *op. cit.*, t. I, p. 119, n° 664. — *Melanobucco bidentatus* Shelley, *Ibis*, 1889, p. 474.

Un mâle et une femelle tués à Krébédjé en décembre 1902. Ces Oiseaux avaient l'iris d'un gris argenté, le tour de l'œil jaune d'or, les pattes d'un noir clair. Ces renseignements concordent en partie avec ceux qui nous sont fournis par M. Reichenow. D'après celui-ci, en effet, les pattes seraient d'un brun foncé et les yeux soit d'un gris blanc, soit d'un brun châtain foncé.

L'Oiseau tué par M. le Dr Decorse a la bande oblique de l'aile d'un rouge carmin vif, comme les parties inférieures du corps.

8. Lybius Vieilloti Leach.

Reichenow, *op. cit.*, t. II, part. 1, p. 127, n° 676.

Quatre spécimens, en livrée d'adulte plus ou moins complète. L'un de ces sujets ne diffère point d'un exemplaire provenant de l'Afrique orientale que le Muséum d'histoire naturelle avait reçu précédemment.

9. Picus (Dendromus) Caroli Malh.

Reichenow, *op. cit.*, t. II, part. 1, p. 168, n° 740.

Femelle, de Beso (ou Bessou), septembre 1902. Yeux bruns, pattes verdâtres.

Individu semblable à un spécimen tué à Ouaddah (Haut-Congo) par M. Dybowski en 1892.

10. Picus (Dendromus) maculosus Val.

Reichenow. *op. cit.*, t. II, part. 1, p. 170, n° 742.

Deux femelles prises l'une à Bangui en août 1902, l'autre à Krébédjé en septembre 1902. La première avait les pattes d'un jaune vert et les yeux roses, la seconde les pattes vertes et les yeux noirs.

11. Picus (Dendromus) xantholophus Harg.

Reichenow, *op. cit.*, t. II, part. 1, p. 188, n° 762.

Femelle tuée au Fort de Possel, le 1er septembre 1902. Pattes gris verdâtre. Yeux rouge foncé.

12. Coccystes glandarius L.

Reichenow, *op. cit.*, t. II, part. 1, p. 81, n° 832.

Deux individus, dont un mâle tué à Krébédjé en décembre 1902. Ce dernier individu avait les yeux jaunes et les pattes grises. La coloration de l'iris paraît, du reste, être assez variable dans cette espèce et passerait, d'après Reichenow, du gris brun clair au brun foncé. Fischer l'indique comme étant d'un blanc jaunâtre.

13. Chrysococcyx cupreus Bodd.

Reichenow, *op. cit.*, t. II, part. 1, p. 94, n° 642.

Un individu tué à Impfondo en août 1902. Yeux rouges, pattes noires Un autre spécimen pris à Meltem, le 14 septembre 1903, et deux exemplaires sans indication de provenance.

14. Corytheola cristata V.

Reichenow, *op. cit.*, t. II, part. 1, p. 26, n° 580.

Mâle, de Beso (ou Bessou), septembre 1902. Yeux bruns, pattes noires, bec jaune à la base et rouge dans sa moitié terminale.

Cet Oiseau, d'après M. Decorse, avait des parasites vermiformes dans les culs de sacs conjonctivaux internes.

15. Schizorhis zonura Rüpp.

Chizaerhis zonura Reichenow, *op. cit.*, t. II, part. I, p. 31, n° 584.

Une femelle tuée à Fort-Archambault en février 1903. Pattes d'un gris noir; yeux bruns.

L'espèce n'avait été observée jusqu'à ce jour que dans l'Afrique orientale.

16. Turacus Zenkeri Reich.

Reichenow, *op. cit.*, t. II, part. 1, p. 56, n° 612.

Un mâle tué à Beso (ou Bessou) en septembre 1902. Iris d'un brun rose. Tour des yeux vermillon vif; pattes noires.

L'espèce n'avait jusqu'à présent été signalée que dans la région du Kameroun, mais M. Reichenow avait déjà supposé qu'on pourrait le rencontrer dans la Basse-Guinée.

17. Coracias cyanogaster Cuv.

Reichenow, *op. cit.*, t. II, part. 1, p. 227, n° 796.

Deux femelles prises à Beso (ou Bessou) en septembre 1902. Yeux d'un vert glauque, pattes d'un noir grisâtre. M. Reichenow indique au contraire les pattes de ce Rollier comme étant brunâtres et les yeux bruns.

18. Ceratogymna atrata Tem.

Reichenow, *op. cit.*, t. II, part. 1, p. 239, n° 804.
Un spécimen bien adulte, du Fort de Possel.

19. Bycanistes Sharpei Ell.

Reichenow, *op. cit.*, t. II, part. 1, p. 245, n° 811.

Un spécimen de Krébédjé, décembre 1902. Pattes noires; yeux bruns. Comme M. Reichenow l'a déjà fait observer, la coloration des sectrices médianes est variable dans cette espèce. Chez le Calao tué par M. le Dr Decorse, les pennes médianes de la queue sont en effet blanches à la base, noires au milieu et de nouveau blanches à l'extrémité; chez un mâle rapporté de Diele (Congo) par M. de Brazza en 1886, une de ces plumes, qui commence à se développer, présente le même dessin, tandis que chez un autre mâle, rapporté par le même voyageur, les rectrices médianes sont noires avec un étroit liséré blanc à l'extrémité. Ces différences ne paraissent donc pas être des différences sexuelles.

20. Lophoceros erythrorhynchus Tem.

Reichenow, *op. cit.*, t. II, part. 1, p. 262, n° 827.
Deux mâles de Kousri (ou Kousseri), août 1903. Yeux marron foncé: angle des mandibules rose; pattes noires.

21. Ortholophus albocristatus Cass.

Reichenow, *op. cit.*, t. II, part. 1, p. 267, n° 829.

22. Ceryle maxima Pall.

Reichenow, *op. cit.*, t. II, part. 1, p. 298, n° 855.

Une femelle, tuée sur les bords de la rivière Gribingui en janvier 1903. Pattes d'un gris vert; yeux d'un noir verdâtre. Reichenow avait indiqué les pattes comme étant d'un brun olive ou d'un brun noir et les yeux d'un noir brunâtre.

23. CERYLE RUDIS L.

Reichenow, *op. cit.*, t. II, part. 1, p. 295, n° 854.

Un Oiseau de cette espèce, tué à Mora le 13 septembre 1903, offre, comme cela arrive quelquefois chez le *Ceryle rudis*, une deuxième ceinture noire, très étroite, située un peu en arrière de la première bande pectorale.

24. HALCYON SENEGALENSIS L.

Reichenow, *op. cit.*, t. II, part. 1, p. 282, n° 841.

Un mâle tué à Bangui au mois d'août 1902 et un autre individu pris à Beso en septembre de la même année. Les pattes de ces deux sujets étaient noires, mais l'iris était rouge chez le premier, brune chez le second.

25. HALCYON SEMICÆRULEUS Forsk.

Reichenow, *op. cit.*, t. II, part. 1, p. 276, n° 834.

Quatre spécimens dont un pris à Krébédjé en décembre 1902. Ce dernier avait les yeux noirs (ou peut-être d'un brun foncé, comme le dit M. Reichenow) et les pattes rouges.

26. ISPIDINA PICTA Bodd.

Reichenow, *op. cit.*, t. II, part. 1, p. 286, n° 844.

Un mâle tué à Beso en septembre 1903. Cet Oiseau, qui avait les yeux jaunes et les pattes d'un rose tirant sur le jaune, est évidemment un jeune individu, car le bec est relativement court et noir avec l'extrême pointe jaunâtre. Chez l'adulte, au contraire, les mandibules sont rouges, les pattes rouge de corail et les yeux brun foncé (Reichenow).

Deux sujets adultes ont été tués par M. le Dr Decorse à Fort-Archambault et à Krébédjé en octobre 1902. Ceux-ci ne diffèrent point d'un spécimen rapporté du Congo par M. de Brazza.

27. CORYTHORNIS CYANOSTIGMA Rüpp.

Reichenow, *op. cit.*, t. II, part. 1, p. 289, n° 849.
Un spécimen pris à Kousri, le 21 août 1903.

28. MELITTOPHAGUS BULLOCKI V.

Reichenow, *op. cit.*, t. II, part. 1, p. 309, n° 863.

Un spécimen semblable à un exemplaire rapporté de l'Afrique orientale
rives du Baro) par la mission de Bonchamps.

29. Melittophagus pusillus St. Müll.

Reichenow, *op. cit.*, t. II, part. 1, p. 305, n° 860.
Trois individus pris à Djimtilo le 18 septembre 1903.

30. Melittophagus gularis Shaw.

Reichenow, *op. cit.*, t. II, part. 1, p. 312, n° 867.
Un spécimen de Moujimbo, août 1902. Iris et pattes noirs.

31. Merops nubicus Gm.

Reichenow, *op. cit.*, t. II, part. 1, p. 329, n° 881.
Un mâle et une femelle pris à Krébédjé en 1902 et un individu sans indication précise de localité. Yeux rouges; pattes noires.

32. Irrisor erythrorhynchus Licht.

Reichenow, *op. cit.*, t. II, part. 1, p. 338, n° 887.
Un mâle tué à Beso (ou Bessou) en septembre 1902. Yeux noirs; patte
roses.

33. Scoptelus aterrimus Steph.

Reichenow. *op. cit.*, t. II. part. 1, p. 344, n° 891.
Un spécimen tué à Sao le 13 septembre 1903.

34. Nectarinia pulchella L.

H. Gadow, *Cat. Birds Brit. Museum*, 1884, t. IX, p. 7.
Sept individus, dont quatre mâles, une femelle et un jeune mâle, tués
à Kousri le 6 avril 1903 et à d'autres dates du même mois, et une femelle.
tuée à Sao le 13 août 1903.

35 Cinnyris splendida Shaw.

H. Gadow, *op cit.*, p. 50.
Sept individus dont cinq mâles adultes et en plumage de transition, une
femelle et un jeune provenant, pour la plupart, de Krébédjé.

36. Cinnyris Decorsei nov. sp.

Un Soui-Manga, malheureusement sans indication précise de localité.
rapporté par M. le D' Decorse, m'a paru ne pouvoir être attribué à aucune
des espèces de Cinnyridés que je connais. Ses affinités les plus étroites ne
sont pas même avec les Cinnyridés africains tels que les *Cinnyris bifasciata*
et *microrhyncha*, mais avec le *Cinnyris osea* de Palestine, qu'il rappelle

par les couleurs de son plumage. Mêmes teintes vertes métalliques très
brillantes sur les parties supérieures du corps, passant au bleuâtre sur les
sus-caudales et au bleu pourpré sur le front; même teinte pourprée mé-
langée de vert sur la gorge, même couleur noir vert de l'abdomen, même
teinte brune des ailes, même couleur noire avec des lisérés verts des pennes
caudales, mais les touffes axillaires sont ici d'un rouge vermillon encore
plus vif et à peine nuancé de jaune, et la taille ainsi que les proportions
des diverses parties du corps sont notablement plus faibles, la longueur
totale du corps étant de 100 millimètres; la longueur de l'aile de 55 millimètres; celle de la queue de 38 millimètres; celle du bec (culmen)
de 15 millimètres, et celle du tarse de 15 millimètres.

37. Cinnyris cuprea Shaw.

H. Gadow, *op. cit.*, p. 55.
Un spécimen sans indication de localité.

38. Cinnyris verticalis Lath.

H. Gadow, *op. cit.*, p. 80.
Un spécimen.

39. Cinnyris senegalensis L.

H. Gadow, *op. cit.*, p. 94.
Cinq individus, savoir : deux mâles tués à Kousri le 6 et à une autre
date du mois d'avril 1903, un mâle tué à Meltem le 13 septembre 1903,
un mâle pris sur les bords de la rivière Gribingui en décembre 1903,
et un individu sans indication exacte de provenance.

40. Cinnyris fuliginosa Shaw?

J'attribue, avec quelque doute, à cette espèce un jeune individu pris à
Kousri le 6 août 1903.

41. Crateropus Kirki R. B. Sharpe.

Crateropus plebeius (Cretzschm.) R. B. Sharpe, *op. cit.*, t. VII, p. 474.
— *Crateropus Kirki* A. C. Stark, *The Birds of South Africa*, 1901, t. II,
p. 57, n° 213.
Un spécimen tué par M. le Dr Decorse, à Sao, en septembre 1903, me
paraît se rapporter à la description du *Crateropus plebeius* de Kirk (*Ibis*,
1864, p. 318) que R. B. Sharpe a cru pouvoir assimiler au *Crateropus plebeius* de Cretzschmar (*Atlas zu der Reise in N. E. Africa von Eduard Rüppell*,
Vögel, pl. XXIII), mais que M. Stark distingue de cette dernière espèce.
En tout cas, qu'il s'agisse du *Crateropus Kirki* du Zambèze et de l'Afrique
australe ou du *C. plebeius* du Kordofan, nous avons ici le représentant

d'une forme orientale dont les domaines doivent être prolongés vers l'Ouest.

42. Pycnonotus babbatus Desf.

R. B. Sharpe, *Cat. Birds Brit. Museum*, 1881, t. VI, p. 146.

Deux spécimens, dont un tué à Kousri le 5 août 1903. Ces Oiseaux ont tous deux les sous-caudales blanches.

D'après une note de M. le Dr Decorse, l'espèce est désignée en arabe sous le nom de *Khabrou*.

43. Phylloscopus trochilus L.

H. Seebohm, *Cat. Birds Brit. Museum*, 1881, t. V, p. 56; A. C. Stark, *The Birds of South Africa*, 1901, t. II, p. 84, n° 234.

Un exemplaire de cette espèce largement répandue en Europe et qui va hiverner dans l'Asie Mineure, en Perse et en Afrique, où de nombreux spécimens ont été obtenus aussi bien dans le Sud que dans l'Est et l'Ouest du continent, par différents voyageurs.

44. Hypolais icterina V.

H. Seebohm, *op. cit.*, t. V, p. 77; A. C. Stark, *op. cit.*, t. II, p. 86, n° 235.

La Fauvette ictérine émigrant, comme le Pouillot chantre, d'Europe jusque dans l'Afrique australe, il n'est pas étonnant d'en trouver un spécimen dans la collection formée par M. le Dr Decorse.

45. Pratincola rubetra L.

R. B. Sharpe, *Cat. Birds Brit. Museum*, 1879, t. IV, p. 179.

Deux spécimens semblables à un exemplaire obtenu dans le pays des Ouaddas (Haut-Oubangui), par M. J. Dybowski, en 1891.

46. Cossypha Heuglini Hartl.

R. B. Sharpe, *Cat. Birds Brit. Museum*, 1883, t. VII, p. 41.

Un individu, sans indication de sexe, provenant de Kousri, 6 août 1903, et une femelle tuée à Fort-Archambault, en janvier 1903. Cette dernière avait les yeux et les pattes noirs.

Ces spécimens sont identiques à un exemplaire envoyé de Kondoa (Afrique orientale) au Muséum par M. Bloyet. Il y a lieu, par conséquent, d'étendre fort loin vers l'Ouest l'aire d'habitat du *Cossypha Heuglini*, indiqué par R. B. Sharpe comme une espèce ayant seulement pour domaine la région comprise entre le Congo et le Zambèze.

47. **Cercotrichas podobe** P. L. S. Müller.

R. B. Sharpe, *Cat. Birds Brit. Museum*, t. VII, p. 83.
Un spécimen.

48. **Bradypterus babæcula** V.?

La Caqueteuse Levaillant, *Oiseaux d'Afrique*, 1802, t. III, p. 90 et
pl. CXXI, fig. 1. — *Sylvia babæcula* Vieillot, *Nouv. Dict. d'Hist. Nat.*,
1817, t. XI, p. 172. — *Calamoherpe gracilirostris* Hartlaub, *Ibis*, 1864,
p. 348. — *Lusciniola gracilirostris* H. Seebohm, *Cat. Birds Brit. Museum*,
1881, t. V, p. 122. — *Bradypterus babæcula* Stark, *Birds of South Africa*,
1901, t. II, p. 102.

Je rapporte, avec un certain doute, à cette espèce, largement répandue
dans l'Afrique australe, et retrouvée plus tard dans la région du Zambèze,
dans le Nyasaland et au Kilimandjaro, ainsi que sur les bords du lac
Ngami, un Oiseau obtenu au mois de février 1903, à Fort-Archambault,
par M. le D' Decorse.

Si l'exactitude de cette détermination est reconnue, l'aire d'habitat du
Bradypterus babæcula se trouvera encore plus étendue du côté du Nord-
Ouest qu'on ne le supposait jusqu'à ces derniers temps.

49. **Sylviella micrura** Rüpp.

R. B. Sharpe, *Cat. Birds Brit. Museum*, t. VII, p. 154.
Un spécimen identique à un exemplaire (mâle) obtenu par M. Dybowski
en 1892 au poste de la Mission, dans la région de la Haute-Kemo. Il est
donc prouvé désormais que la *Sylviella micrura*, que l'on croyait cantonnée
dans le Nord-Est de l'Afrique, en Abyssinie et dans le pays des Bogos,
s'avance vers l'Ouest jusque dans les bassins du Congo et du Chari.

50. **Camaroptera brevicaudata** Cretzschm.

R. B. Sharpe, *op. cit.*, t. VII, p. 168.
Un spécimen semblable à un exemplaire obtenu par M. le D' Maclaud à
Conakry (Guinée française), en 1897.

51. **Prinia mystacea** Rüpp.

R. B. Sharpe, *op. cit.*, t. VII, p. 191; Stark, *The Birds of South Africa*,
t. II, p. 135.
Un mâle, tué à Bangui en août 1902, est identique à un exemplaire obtenu par M. le D' Maclaud à Conakry; deux autres spécimens pris, l'un à
Fort-Archambault en février 1903, l'autre à Sao le 13 septembre 1903,
ont une livrée beaucoup plus pâle, fortement lavée de roux sur les ailes,
la croupe, la queue et les flancs. Ces différences de plumage n'ont point la

valeur spécifique qu'on leur avait attribuée et proviennent des changements que la saison apporte dans le costume de la *Prinia mystacea*, qui, d'après Sharpe, doit être assimilée à la *P. affinis* Smith et à la *P. melanorhyncha* Lay.

52. CISTICOLA CINERASCENS Heugl.

R. B. Sharpe, *op. cit.*, t. VII, p. 248.

Quatre individus, dont un a été tué à Kousri en août 1903 et les autres à Sao le 13 septembre 1903. Ils ressemblent beaucoup à l'Oiseau figuré par Heuglin sous le nom de *Drymoica concolor* (*Ibis*, 1869, p. 97, et pl. II, fig. 1) et considéré par Sharpe comme un spécimen, en plumage d'hiver, de la *Cisticola cinerascens*, mais ils ont le dessus de la tête d'un roux plus vif, les bordures rousses des couvertures et des pennes alaires au contraire peu accusées, et ils paraissent être de taille un peu plus faible, avec la queue moins développée.

53. CISTICOLA MARGINALIS Heugl.

R. B. Sharpe, *op. cit.*, t. VII, p. 258.

Quatre spécimens de Fort-Archambault, février 1903 et une de Djimtilo, septembre 1903. Ces exemplaires sont identiques à une *Cisticola* envoyée d'Abyssinie au Muséum par MM. Petit et Quartin-Dillon, en février 1844, et à l'Oiseau figuré par Heuglin sous le nom de *Drymoica flaveola* (*Ibis*, 1869, p. 94, et pl. I, fig. 1) et assimilé par Sharpe à la *Drymoica* ou *Cisticola marginalis* du même auteur. La *Cisticola marginalis* n'est donc pas cantonnée en Abyssinie et dans la région du Haut-Nil, comme on le supposait, mais s'avance vers l'Ouest jusque dans le bassin du Chari et jusqu'au lac Tchad.

54. CISTICOLA STRANGEI Fras.

R. B. Sharpe, *op. cit.*, t. VII, p. 276.

Un individu tué à Brazzaville, en août 1903, par M. le D' Decorse, avait les yeux noirs et les pattes jaunâtres; il ne diffère point de deux spécimens obtenus l'un par M. de Brazza, à Franceville, en 1886, l'autre par M. J. Dybowski au poste de la Mission, sur les bords de la Haute-Kemo, en 1891. La *Cisticola Strangei* est donc répandue non seulement dans l'Ouest de l'Afrique, entre la Côte-d'Or et le Congo, mais dans tout le bassin de ce dernier fleuve.

55. MOTACILLA VIDUA Sund.

Reichenow, *Die Vögel Afrikas*, t. III, part. 1, p. 296, n° 1630.
Une femelle tuée à Brazzaville. Pattes et yeux noirs.

56. Budytes campestris Pall.

Reichenow, *op. cit.*, t. III, part. 1, p. 306, n° 1641.
Deux spécimens, dont un vient de Krébédjé, se rapportent à cette
espèce qui niche dans l'Europe occidentale et orientale et dans l'Asie cen-
trale et qui visite dans ses migrations l'Est et l'Ouest du continent africain.

57. Hirundo rustica L.

Reichenow, *op. cit.*, t. II, part. 2, p. 406, n° 936.
Un spécimen.
On sait que l'Hirondelle de cheminées va passer l'hiver en Afrique. Des
individus semblables à celui qui a été rapporté par M. le Dr Decorse ont
été obtenus dans cette partie du monde par divers voyageurs français,
et notamment à Conakry par M. le Dr Maclaud et à Brazzaville par
M. J. Dybowski.

58. Hirundo lucida Verr.

Reichenow, *op. cit.*, t. II, part. 2, p. 408, n° 957.
Un exemplaire provenant de Goulfei, 15 septembre 1903, appartient à
cette espèce qui a sans doute été confondue souvent avec l'*Hirundo rustica*
et à laquelle se rapportent probablement diverses observations attribuées à
l'Hirondelle de cheminées.

59. Hirundo Gordoni Jard.

Reichenow, *op. cit.*, t. II, part. 2, p. 418, n° 966.
Un individu semblable à un spécimen obtenu par M. J. Dybowski au
poste de la Mission, dans le bassin de la Haute-Kemo, en 1891.

60. Bradyornis pallidus var. modestus Shell.

Bradyornis pallidus modestus Reichenow, *op. cit.*, t. II, part. 2, p. 437,
n° 989 *b*.
Un individu tué à Brazzaville en août 1902. Bec et pieds noirs.

61. Dioptrornis sp.

J'attribue à une espèce du genre *Dioptrornis* un jeune Oiseau (mâle),
tué par M. le Dr Decorse à Bangui, en septembre 1902, et offrant l'aspect
général du jeune *Dioptrornis Fischeri* Reichenow, décrit et figuré par cet
auteur dans le *Journal für Ornithologie* (1884, p. 83, et 1886, pl. I, fig. 3),
tout en ayant des couleurs différentes. Ici, en effet, la teinte du fond des
parties supérieures du corps et de la queue, au lieu d'être roussâtre et grise,

est d'un brun roux tirant au brun foncé en arrière. Sur ce fond s'enlèvent
de nombreuses taches rousses occupant l'extrémité des plumes. La gorge est
elle-même fortement maculée de roux. Les proportions diffèrent de celles
des *Dioptrornis* connus jusqu'à ce jour et mentionnés dans l'ouvrage de
M. Reichenow (*Die Vogel Afrikas*, t. II, part. 2, p. 439 à 441). La longueur totale est de o m. 135; la longueur de l'aile de o m. 070, celle
de la queue de o m. 075, celle du bec (culmen) o m. 010, celle du
tarse o m. 020. D'après les nuances et le dessin du plumage qui rappelle aussi, chose curieuse, celui des jeunes d'une espèce asiatique, la *Siphia
banyumas*, je suis porté à croire que l'adulte a soit la livrée brune et
blanche du *Dioptrornis brunneus*, soit un costume teinté de bleu sur les
parties supérieures.

62. Alseonax aquaticus Hengl.

Reichenow, *op. cit.*, t. II, part. 2, p. 456, n° 1017.
Quatre spécimens, dont un de Fort-Archambault, janvier 1903.

63. Melæornis pammelaena Stanl.

Reichenow, *op. cit.*, t. II, part. 2, p. 441, n° 997.
Un spécimen (mâle) de Fort-Archambault, janvier 1903, et un de
Finda, décembre 1903. Yeux marrons, pattes noires.

64. Hyliota flavigastra Sw.

Reichenow, *op. cit.*, t. II, part. 2, p. 473, n° 1040.
Un exemplaire de Finda, décembre 1903.

65. Batis senegalensis L.

Reichenow, *op. cit.*, t. II, part. 2, p. 480, n° 1050.
Trois individus, dont un a été tué à Fort-Archambault en février 1903,
un autre sur les bords de la rivière Gribingui en décembre 1903, le troisième ne portant pas d'indication précise de localité. Ce dernier est un mâle
en livrée de noces presque complète, la bande pectorale offrant cependant
dant encore un peu de rouge sur les côtés. La même espèce avait déjà été
observée à Brazzaville par M. Dybowski.

66. Platysteira cyanea St. Müll.

Reichenow, *op. cit.*, t. II, part. 2, p. 488, n° 1059.
Un spécimen (mâle bien adulte) de Fort-Archambault, février 1903.

67. Elminia Schwebischi Oust.

Elminia longicauda (Sw.) Reichenow, *op. cit.*, t. II, part. 2, p. 496,
n° 1071.

Un individu tué à Fort-Archambault, en février 1903, est semblable au type de l'espèce et à un spécimen obtenu par M. Ferrière dans le bassin de la Haute-Sangha. Tous les individus de cette espèce que j'ai eus entre les mains, comme toutes les *Elminia* à queue bleue que M. Reichenow a examinées et qui provenaient les unes de l'Ouganda, les autres de l'Afrique occidentale, avaient l'espace compris entre l'œil et le bec de couleur noire et non de couleur blanche comme dans l'Oiseau décrit par Swainson sous le nom d'*Elminia longicauda*.

68. Tchitrea viridis St. Müll.

Reichenow, *op. cit.*, t. II, part. 2, p. 504, n° 1083.

Quatre spécimens, dont un (femelle), de Krébédjé, novembre 1902, deux (femelles), des bords de la rivière Gribingui, décembre 1903, et un (mâle), de Fort-Archambault, février 1903.

69. Prionops poliocephalus Stanl.

Reichenow, *Die Vögel Afrikas,* t. II, part. 2, p. 531, n° 1110.

Deux individus dont une femelle tuée à Beso, en septembre 1902. Cet Oiseau avait les pattes d'un jaune orangé, les yeux gris cerclés de jaune d'or. Il ne diffère pas d'un spécimen de la collection du Muséum provenant de la région du Nil Blanc et envoyé, il y a une cinquantaine d'années, par M. d'Arnaud.

Le *Prionops* à tête grise, que l'on croyait cantonné dans l'Afrique orientale, s'étend donc jusque dans le centre et même un peu dans l'Ouest du continent.

70. Nicator chloris Less.

Reichenow, *op. cit.*, t. II, part. 2, p. 554, n° 1134.
Une femelle tuée à Impfondo en août 1902. Yeux et pattes noirs.

71. Laniarius erythrogaster Kretzschm.

Reichenow, *op. cit.*, t. II, part. 2, p. 586, n° 1172.
Deux mâles tués à Fort-Archambault en janvier et février 1903. Le premier avait les yeux jaunes, le second les yeux gris, les pattes étaient noires chez tous deux.

72. Dryoscopus gambensis Licht.

Reichenow, *op. cit.*, t. II, part. 2, p. 595, n° 1179.
Un spécimen de Fort-Archambault, janvier 1903.

73. Lanius humeralis Smith.

Reichenow, *op. cit.*, t. II, part. 2, p. 610, n° 1192 *b*.

Une femelle de Krébédjé, décembre 1902. Yeux d'un gris bleu, pattes noires.

Chez cet individu, la queue est moins fortement marquée de blanc à l'extrémité que chez un *Lanius humeralis* mâle pris à Porto-Nuovo (Dahomey) par M. Miegemarque et envoyé au Muséum en 1895.

74. Lanius excubitorius Prév. et Des Murs.

Reichenow, *op. cit.*, t. II, part. 2, p. 615, n° 1200.
Un spécimen pris à Djimtilo, le 18 août 1903.
Le *Lanius excubitorius* n'est signalé par M. Reichenow que dans l'Afrique orientale.

75. Dicrurus afer A. Licht.

Reichenow, *op. cit.*, t. II, part. 2, p. 646, n° 1232.
Quatre spécimens, savoir : un mâle et une femelle tués à Beso (ou Bessou), en septembre 1902 ; une femelle tuée à Fort-Archambault, en février 1903, et un mâle tué à Krébédjé. Les pattes étaient noires chez tous ces individus, mais la coloration de l'iris variait d'un sujet à l'autre : les yeux, en effet, étaient noirs chez la femelle de Beso, roses chez le mâle de la même localité, rouge-orange chez la femelle de Fort-Archambault et chez le mâle de Krébédjé. M. Reichenow indique, de son côté, l'iris comme étant rouge chez le *Dicrurus afer*.

Un individu de cette espèce avait été obtenu, en 1891, à Bangui (Congo), par M. J. Dybowski.

76. Oriolus auratus V.

Reichenow, *op. cit.*, t. II, part. 2, p. 655, n° 1239.
Deux femelles de Krébédjé, décembre 1902. Yeux roses, pattes noires.

77. Spreo pulcher P. L. S. Müll.

R. B. Sharpe, *Cat. Birds Brit. Museum*, t. XIII, p. 191 ; Reichenow, *op. cit.*, t. II, part. 2, p. 675, n° 1213.
Un spécimen de Djimtilo, 18 septembre 1903.

78. Lamprocolius splendidus Bon. et V.

R. B. Sharpe, *Cat. Birds Brit. Museum*, t. XIII, p. 172, et pl. VII, fig. 4 ; Reichenow, *op. cit*, t. II, part. 2, p. 793, n° 1269.
Trois individus dont deux portent, comme indications : Kouka, 16 septembre 1903, et le troisième Sao, 13 septembre 1903.

79. Lamprotornis caudatus St. Müll.

Reichenow, *op. cit.*, t. II, part. 2, p. 708, n° 1291.
Trois spécimens de Kousri.

80. Plocepasser superciliosus Cretzschm.

Reichenow, *op. cit.*, t. III, part. 1, p. 14, n° 1308.
Un spécimen de Finda, décembre 1903.

81. Sporopipes frontalis Daud.

Reichenow, *op. cit.*, t. III, part. 1, p. 17, n° 1311.
Deux exemplaires, sans indication précise de localité, sont semblables
au type du *Sénégali à front pointillé* de Vieillot, type qui, après avoir fait
partie de la collection du comte de Riocour, se trouve actuellement dans la
collection donnée par M. Boucard au Muséum d'histoire naturelle.

81. Ploceus (Hyphanturgus) ocularius var. brachypterus Sw.

Reichenow, *op. cit.*, t. III, part. 1, p. 47, n° 1347 *b*.
Un spécimen.

82. Ploceus (Hyphantornis) collaris V.

Reichenow, *op. cit.*, t. III, part. 1, p. 61, n° 1360.
Un exemplaire (mâle adulte), tué par M. le Dr Decorse à Brazzaville,
au mois d'août de l'année 1902, est semblable à un autre Oiseau du même
sexe, obtenu précisément dans la même localité, en 1891, par M. J. Dybowski. Le Tisserin tué par M. Decorse avait les yeux rouges et les pattes
couleur de chair. Ce sont aussi les couleurs indiquées par M. Reichenow.

83. Ploceus (Sitagra) monachus Sharpe.

Reichenow, *op. cit.*, t. III, part. 1, p. 75, n° 1377.
Un mâle et deux femelles de Kousri, 6 août 1903.

84. Ploceus (Sitagra) heuglini Rchw.

Reichenow, *op. cit.*, t. III, part. 1, p. 84, n° 1386.
Un mâle de Kousri, 6 août 1903.
Cette espèce, découverte dans l'Afrique orientale, avait déjà été signalée
dans la Haute-Guinée.

85. Ploceus (Ploceus) superciliosus Shell.

Reichenow, *op. cit.*, t. III, part. 1, p. 96, n° 1398.
Cinq femelles de Fort-Archambault, février 1903.

86. Ploceus (Xanthophilus) aureoflavus A. Sm.

Reichenow, *op. cit.*, t. III, part. 1, p. 91, n° 1391.

Un spécimen tué par M. Decorse à Bangui, en août 1902, ne diffère pas d'un exemplaire tué par M. J. Dybowski, dans la même localité. en 1891.

87. Quelea sanguinirostris L.

Reichenow, *op. cit.*, t. III, part. 1, p. 108, n° 409.

Trois individus, dont deux sont évidemment des mâles et le troisième une femelle, ont été tués par M. Decorse. à Djimtilo, en septembre 1903.

88. Pyromelana flammiceps Sw.

Reichenow, *op. cit.*, t. III, part. 1, p. 118, n° 1421.

Un mâle, de Fort-Possel, 3 septembre 1902, avait les yeux noirs à reflets rouges et les pattes d'un rouge brunâtre clair, tirant au rouge chair. Il ressemble absolument à un spécimen pris à Conakry, par M. le Dr Maclaud. Les indications fournies par M. le Dr Decorse, relativement à la coloration de l'iris et des pattes, concordent parfaitement avec celle que nous donne M. Reichenow.

89. Pyromelana franciscana Isert.

Reichenow, *op. cit.*, t. III, part. 1, p. 122, n° 1425.

Trois spécimens de Kousri, août 1903, sont, les uns en plumage de noces complet, le troisième en plumage de transition.

90. Coliuspasser macrurus Gm.

Coliuspasser macrura Reichenow. *op. cit.*, t. III, part. 1. p. 138, n° 1437.

Un spécimen de Krébédjé, novembre 1902. ne diffère pas d'un spécimen obtenu antérieurement à Conakry par M. le Dr Maclaud. Il avait l'iris et les pattes noirs.

91. Amadina fasciata Gm.

Reichenow, *op. cit.*, t. III, part. 1. p. 146, n° 1445.

Un exemplaire semblable à un spécimen faisant partie de la collection Boucard et provenant du pays des Bogos.

92. Aidemosyne cantans Gm.

Reichenow. *op. cit.*, t. III. part. 1. p. 156. n° 1454.
Un spécimen.

93. Hypargos Monteiri Hartl.

Reichenow, *op. cit.*, t. III, part. 1, p. 158, n° 1457.
Un spécimen semblable à un exemplaire venant du Congo.

94. Estrilda cinerea V.

Reichenow, *op. cit.*, t. III, part. 1, p. 182, n° 1490.
Deux individus tués à Kousri, le 6 août 1903.

95. Lagonosticta nigricollis Heugl.

Lagonosticta nigricollis R. B. Sharpe, *Cat. Birds Brit. Museum*, t. XIII,
p. 286; *Estrilda nigricollis* Reichenow, *op. cit.*, t. III, part. 1, p. 191,
n° 1506.

Un mâle adulte et un jeune mâle (?) sans indication précise de localité et une femelle (?) tuée sur les bords de la rivière Gribingui, en décembre 1903. Le mâle adulte répond bien à une description donnée par
Heuglin et par Reichenow; l'individu, que je considère comme un jeune
mâle ou comme un mâle au plumage d'hiver, n'a point de rabat noir, mais
seulement une tache noirâtre sous le menton; enfin la femelle (?) ne présente pas exactement les couleurs indiquées par Reichenow d'après Alexander
(*Bull. Br. ornith.*, *Club.*, 1891, t. XII, p. 12, et *Ibis*, 1902, p. 301); elle a
la poitrine et les flancs d'un roux isabelle, un peu plus foncé que le milieu
du ventre et n'offre point de points blancs sur les côtés de la poitrine; les
parties supérieures du corps sont brunes et la queue est fortement teintée
de rouge comme chez le mâle adulte.

Par son système de coloration, cette espèce me paraît rentrer plutôt dans
le genre *Lagonosticta*, où Heuglin et Sharpe l'avaient placée, que dans le
genre *Estrilda*.

96. Lagonosticta rara Antin.

Reichenow, *op. cit.*, t. III, part. 1, p. 201, n° 1522.
Un spécimen.

97. Uræginthus bengalus L.

Reichenow, *op. cit.*, t. III, part. 1, p. 207, n° 1529.
Deux mâles et quatre femelles.

98. Hypochera ultramarina Gm.

Reichenow, *op. cit.*, t. III, part. 1, p. 213, n° 1534.
Un spécimen adulte de Djimtilo, 18 septembre 1903; un autre sans
indication de localité. Ces deux Oiseaux par leur costume noir à reflets bleus
et non pas verts appartiennent bien à l'espèce *H. ultramarina* de l'Afrique
orientale et non à l'espèce *H. chalybeata* du Sénégal.

99. Vidua serena L.

Reichenow, *op. cit.*, t. III, part. 1, p. 217, n° 1539.
Un mâle pris à Bangui en août 1902. Yeux et pattes noirs.

100. Steganura paradisea L.

Reichenow, *op. cit.*, t. III, part. 1, p. 223, n° 1542.
Un individu adulte de Krébédjé, novembre 1902.

101. Passer griseus V.

Reichenow, *op. cit.*, t. III, part. 1, p. 230, n° 1545.
Un spécimen semblable à un exemplaire obtenu par M. J. Dybowski, à
Brazzaville, en 1891.

102. Serinus Hartlaubi Bolle.

Reichenow, *op. cit.*, t. III, part. 1, p. 272, n° 1599.
Un spécimen.

103. Fringillaria striolata Licht.

Reichenow, *op. cit.*, t. III, part. 1, p. 292, n° 1625.
Un exemplaire de Fort-Archambault.
L'espèce était considérée jusqu'ici comme étant propre au Nord-Est de
l'Afrique et à l'Ouest de l'Asie.

104. Turtur Shelleyi Salvad.

Reichenow, *op. cit.*, t. I, part. 2, p. 411, n° 338.
Un mâle de Kousri, août 1903. Yeux roux, pattes claires.

105. OEna capensis L.

Reichenow, *op. cit.*, t. I, part. 2, p. 429, n° 355.
Un spécimen.

106. Francolinus Altumi Fisch. et Reichen.

Francolinus Hildebrandti Reichenow, *op. cit.*, t. II, part. 2, p. 477,
n° 395 (part.).
Une femelle tuée à Beso, en septembre 1902. Yeux d'un brun roux pâle;
pattes d'un jaune vif.
Cet Oiseau ressemble tout à fait, sauf pour les dimensions et pour la
teinte générale des parties inférieures du corps, qui sont ici plus fortement
lavées de roux, au Francolin qui a été décrit et figuré par MM. Fischer
et Reichenow sous le nom de *Francolinus Altumi* et que, par la suite,
M. Reichenow a cru identifier au *F. Hildebrandti* Cabanis. Évidemment

M. Reichenow doit, mieux que personne, être fixé sur la valeur de l'espèce qu'il a fait connaître, conjointement avec M. Fischer ; néanmoins il me reste encore des doutes sur l'identité des deux espèces, doutes que vient augmenter l'examen du spécimen tué par M. le D' Decorse. En effet, le *Francolinus Hildebrandti* figuré par Cabanis (*Journ. f. Ornith.*, 1878. p. 206 et 243 et pl. IV) et que M. Reichenow considère maintenant comme la femelle du *F. Altumi* Fisch. Reichen. (*Journ. f. Ornith.*, 1884. p. 179 et pl. II) a un éperon à une patte et diffère complètement par son plumage du *F. Altumi*, tandis que le spécimen qui a été obtenu par M. le D' Decorse et qui est indiqué positivement comme une *femelle* n'a pas d'éperon et offre sur les parties inférieures du corps la teinte rousse que l'on observe généralement chez les femelles de Francolin, tout en ressemblant au mâle par le dessin de sa livrée. Il me semble donc plus naturel de supposer que ce dernier Oiseau est bien la femelle du *Francolinus Altumi*, qui alors constituerait une espèce distincte, tandis que la *F. Hildebrandti* serait le mâle non adulte d'une autre espèce.

Les dimensions de la femelle tuée par M. Decorse sont les suivantes : longueur totale. 0 m. 300 ; longueur de l'aile, 0 m. 170 : longueur de la queue, 0 m. 080 ; longueur du tarse, 0 m. 050.

107. Pluvianus ægyptius L.

Reichenow, *op. cit.*, t. I, part. 1, p. 150, n° 131.
Un spécimen.
Le Pluvian d'Égypte avait déjà été rencontré à Bangui par M. J. Dybowski en 1891.